EXTRAIT

D'UN

VOYAGE AGRONOMIQUE

Fait dans l'été de 1809 au sud-ouest de la France;

SUIVI DE

VUES GÉNÉRALES

Sur la culture des Landes que se partagent les trois départemens de la Gironde, des Landes et de Lot-et-Garonne;

Par M. le Sénateur Comte DEPÈRE.

PARIS,

DE L'IMPRIMERIE DE MADAME HUZARD,

(née VALLAT LA CHAPELLE),

Rue de l'Éperon-Saint-André-des-Arts, N°. 7.

1812.

Extrait des Annales de l'Agriculture françoise, *tome XLI, XLII et XLV.*

EXTRAIT

D'UN

VOYAGE AGRONOMIQUE

FAIT

DANS L'ÉTÉ DE 1809 AU SUD-OUEST DE LA FRANCE.

Irrigations.

M. *Rattier*, dont la Société d'Agriculture du département de la Seine venoit de couronner d'utiles travaux pour l'arrosage des terres exécutés à Chousy-sous-Blois, m'avoit prié de m'arrêter en allant à Tours au pont de la Cisse, pour visiter ses irrigations. J'arrivai au rendez-vous le 18 mai à cinq heures du matin. M. *Rattier* me fit d'abord remarquer sur le côté gauche de la chaussée et à quelques pas de distance, non loin de l'embouchure de la Cisse dans la Loire, un simple batardeau qui en retient les eaux, ou les rend à leur cours naturel, à volonté. Il a suffi,

1 *

pour opérer ce jeu, de quelques petites écluses qui surmontent le batardeau : elles sont formées par des montans en pierre de taille dans lesquels on a pratiqué des rainures ; il en résulte des ouvertures qu'on ferme ou qu'on ouvre avec de petites portes ou pelles en bois portatives, d'une seule pièce, qu'un enfant peut placer ou ôter sans difficulté. La pelle dont se sert le boulanger pour placer le pain qu'il met au four paroît avoir servi de modèle pour ces portes d'écluses.

La retenue des eaux les force d'entrer dans un canal de dérivation, à-peu-près parallèle à la chaussée ; des canaux secondaires les introduisent sur des prairies, des terres arables, des plantations ; un canal de dégorgement retient également les eaux à leur débouché dans le fleuve, et les lui rend quand elles ne sont plus nécessaires à l'irrigation ou dans les grandes crues. Le terrein ainsi arrosé se nomme la grande *Varenne*. Avant l'acquisition qu'en fit M. *Rattier*, il y a plus de vingt ans, ce n'étoit qu'une grève marécageuse, un mauvais pâturage : c'est aujourd'hui un terrein d'une grande fertilité qu'il doit à l'irrigation; c'est là que M. *Rattier* avoit fait planter, il y a dix-huit ans, seize mille mûriers blancs que l'autorité trompée le força d'arracher.

L'élévation des eaux qu'opère cette retenue a

donné à M. *Rattier* l'idée et le moyen de faire sur la droite de la chaussée une seconde prise d'eau : elle a lieu au moyen d'un ponceau ou petit aqueduc qui traverse un chemin de service pour les terres voisines. L'ouverture n'a guère que dix-huit pouces en carré, et elle est formée par trois pierres de taille avec rainures ; c'est dans les rainures que s'enchâsse, pour être levée ou baissée au besoin, une petite pelle semblable à celles dont j'ai déjà parlé.

Un canal de dérivation, qui a douze pieds de large, six pieds de profondeur et deux mille toises de longueur, reçoit les eaux de la rivière et arrose de droite et de gauche des prairies, des pépinières, de nombreuses plantations, et se termine enfin à une pépinière départementale qui reçoit aussi les eaux. On remarque une belle végétation sur tout ce terrein, qu'on nomme la petite *Varenne*, et qui précédemment ne présentoit qu'un mauvais sable inculte. Il est bien sensible qu'il ne peut devoir sa fécondité qu'aux eaux du canal. C'est ainsi que par les moyens les plus simples l'industrie sait produire de grands résultats.

C'est là que M. *Rattier*, dont le courage avoit été abattu par sa première infortune, mais dont le zèle s'est réchauffé à la lecture du programme de la Société d'Agriculture du département de la Seine, qui promet un prix aux cultivateurs qui élèveront le plus de mûriers en pépinière, soutenu de plus par les encouragemens de M. le préfet de Loir-et-Cher, vient d'établir, depuis trois ou quatre ans, de nouvelles pépinières de mûriers blancs, dans un département où l'éducation des vers à soie est demeurée étrangère jusqu'à lui.

La Cisse, où ce zélé cultivateur fait ses prises d'eau, n'est qu'un bras de la rivière de ce nom qui se sépare en deux; le second a aussi son issue dans la Loire, mais à dix lieues de là entre la Frillière et Tours. C'est jusqu'à ce second bras que M. *Rattier* se propose de prolonger son second canal d'arrosage : s'il peut s'y faire autoriser, ce projet d'arrosement s'étendroit ainsi sur la vaste étendue de plaine qu'embrassent les deux cours de la Cisse; si mes yeux ne me trompent pas, le projet présente autant de facilités que d'avantages.

En attendant, l'auteur a offert aux propriétaires des fonds inférieurs, situés entre son canal et la levée, de les faire participer à son irrigation; jusqu'ici aucun n'a profité de son offre, il est pourtant sensible pour tous les yeux non prévenus qu'ils en retireroient de grands avantages.

Je ne sais pas si me trompe, mais je ne crois pas éloigné le temps où l'on sollicitera avec instance un bienfait qu'on repousse aujourd'hui avec dédain.

Il est heureux que cette irrigation se trouve établie sur les bords de l'une de nos routes les plus fréquentées ; elle ne peut manquer de fixer l'attention des voyageurs, et de devenir le modèle d'autres établissemens de ce genre.

En m'éloignant du pont de la Cisse, je m'attachai à observer avec plus de soin les deux bords de la chaussée. On ne voit à droite entre Chousy et Tours qu'une chaîne non interrompue de grandes flaques d'eau et de marécages qui se forment des eaux qui y arrivent de la plaine, et que la Loire fournit par infiltration dans ses crues : ces eaux remplissent les creux autant irréguliers qu'inégaux qu'on a faits pour en tirer la terre dont on a formé la chaussée. De là il résulte dans la plaine une humidité préjudiciable, insalubrité dans l'air environnant, et pour les voyageurs un coup-d'œil désagréable.

Dans quelques parties ces eaux sont resserrées, entre des jardins et la chaussée, en un canal étroit et régulier : c'est ce canal qu'on pouvoit exécuter dans toute sa longueur quand on a formé la chaussée, en creusant régulièrement le terrein, que l'on doit désirer de voir prolonger de Blois à Tours ; il verseroit son trop plein dans le second bras de la Cisse, où une petite écluse retiendroit les eaux ou les feroit écouler à volonté. Si le canal de M. *Rattier* s'exécute, le superflu de ses eaux pourroit s'y verser pour l'alimenter. Pour empêcher les eaux de nuire à la plaine, on les tiendroit constamment au-dessous du niveau du sol, en faisant des coupures où besoin seroit entre ce canal et un fossé, qu'on pratiqueroit dans la plaine pour le dégorgement ; le terrein sablonneux de la plaine s'élèveroit par l'addition des déblais de tous ces canaux, et pourtant il jouiroit constamment d'une fraîcheur nécessaire à une belle végétation. Ainsi l'air s'assainiroit, le terrein deviendroit plus fertile, et les arbres plantés sur les bords des canaux embelliroient la scène.

Sur le côté gauche on voit avec plaisir à la Frillière, sur une ancienne grève, une belle plantation de gros ormeaux qui, m'a-t-on dit, appartiennent au maître de poste. Au contraire, entre Chousy et la Frillière, les lais de la rivière n'offrent le plus souvent à la vue que des marécages : ces marécages sont du domaine public. Comme à Chousy, comme à la Frillière, on convertiroit facilement toutes ces grèves en bois, en prairies, en gras pâturages ; pour cela il suffiroit d'ouvrir par intervalles des fossés pour faire écouler les eaux dans le fleuve, et d'élever le terrein entre deux fossés avec les déblais de la fouille.

De Tours à Bordeaux on ne trouve qu'un seul ruisseau qui passe au Roulet et à Pétignac, au-dessus d'Angoulême, que l'art ait rendu également propre à l'irrigation et au service de quelques usines, et cependant il existe tant de ruisseaux ! quelques filets d'eau, employés à l'arrosement de quelques petits prés, prouvent pourtant que les cultivateurs sentent les avantages de ce genre d'amélioration. Il m'a paru que l'eau ne manqueroit pas pour l'appliquer à de vastes contrées, si l'on faisoit des prises dans les rivières du Cher, de l'Indre, de la Creuse, de la Vienne, de la Charente, du Clain, etc. Il est des positions et de certaines époques dans l'année où elles pourroient se faire sans nuire à aucun service public, même dans les parties de ces rivières qui peuvent être navigables ou qui sont susceptibles de navigation; quand même les canaux de dérivation ne serviroient que dans les grandes crues, ils rendroient toujours un double service, soit en diminuant les ravages des inondations intempestives, soit en portant sur les terres voisines un limon le plus souvent précieux. Mais ici le concours de l'autorité publique devient indispensable. Le Gouvernement ne feroit-il pas une chose infiniment utile aux progrès de l'agriculture en France, en exigeant de tous les ingénieurs en chef un travail général et spécial qui lui fît connoître l'emploi qu'il seroit possible de faire, dans chaque département, pour l'arrosement des terres, de tous les grands cours d'eau qui ne sont pas indispensables pour la navigation ou les usines? Les terres qu'on peut arroser reçoivent tant de valeur de l'irrigation, que cet objet me paroît digne d'exciter toute sa sollicitude.

Plantation des routes.

Les routes de poste que je viens de parcourir se développent sur plus de six cent mille toises; elles pourroient donc recevoir sur les deux berges quatre cent mille arbres; leur assemblage formeroit une forêt de quinze cents hectares. Eh bien! il n'en existe pas la vingt-cinquième partie.

Ce n'est guère qu'à l'entrée et à la sortie des villes qu'on trouve des arbres sur les routes et presque toujours sur les bords extérieurs; les arrêts du Conseil ordonnoient de planter ainsi, et c'étoit là une difficulté insurmontable; elle a heureusement disparu depuis la loi rendue dans la session du Corps législatif de l'an XIII, qui ordonne la plantation sur les berges intérieures ; l'un des effets de cette sage loi seroit de consolider les routes par l'entrelacement des racines des arbres. C'est en vain que je sollicitai, il y a près de quarante ans, une semblable loi, ou l'autorisation particulière de planter ainsi les deux bords d'une route qui traverse une de mes métairies sur une ligne de cinq cents toises, avec garantie d'en demeurer propriétaire. Qui peut donc arrêter aujourd'hui l'exécution de la nouvelle loi? Car, dans toutes les routes que je viens de traverser, je crois être le seul qui l'aie mise à exécution sur une route de troisième classe, entre Nérac et Mezin, dans le département de Lot-et-Garonne. Seroit-ce encore la crainte d'un préjudice sur les terres voisines, par l'effet de l'ombrage et des racines? Mais alors pourquoi les propriétaires qui négligent ou redoutent cette plantation n'arrachent-ils pas aux environs des routes les arbres qui leur conviennent et qu'on voit épars en grand nombre dans les champs et les vignes adjacens? Ces arbres seroient mieux placés en alignement bien ordonné sur les routes mêmes et avec moins de préjudice, puisqu'ils se trouveroient séparés des terres environnantes par de bons fossés qui arrêtent ou retardent le prolongement des racines.

Il est pourtant sensible que ce préjudice est encore réel dans ce cas, quoique moindre; mais ce n'est que sur les terreins usés par une culture épuisante, sur-tout par la culture non interrompue des céréales autrement que par la jachère; mais dans les bonnes terres, dans les jardins, dans les enclos bien fumés ou amendés, sur tous les terreins bien cultivés, ce préjudice est de peu de considération. Les riverains, aujourd'hui propriétaires des arbres qu'ils planteront sur les routes, peuvent le faire par-tout avec suffisante indemnité, pourvu qu'ils s'appliquent à bien cultiver les bordures intérieures des terres; l'orme même qui, de tous les arbres qu'ils peuvent planter, paroît être celui dont on doit le plus redouter le voisinage, leur offre dans son feuillage un dédommagement; car en s'en servant pour nourrir les bestiaux, il procure un amendement convenable pour parer à tout préjudice réel ou imaginaire. L'une des principales difficultés qui s'opposent à la plantation des routes vient du manque de jeunes arbres bons à planter, c'est-à-dire du défaut de pépinières publiques, qu'on ne trouve encore qu'aux environs des grandes villes.

Les espèces que j'ai vues placées jusqu'ici sur les routes sont : les chênes, les ormeaux, les frênes, les noyers, les châtaigniers, les merisiers, les peupliers, les saules, les platanes, les acacias, les pins maritimes ; on plante tous les autres, les derniers se sèment sur les tertres des fossés. Cette variété peut suffire aux diverses qualités du sol.

Par-tout où j'ai vu de ces anciennes plantations, la beauté des arbres, leur ombrage en été favorable aux troupeaux et aux herbages qui les nourrissent, l'agrément qu'ils procurent aux voyageurs et que partage aussi la population locale, m'ont fait regretter qu'elles ne se prolongeassent pas sur toute l'étendue des routes; si toutes celles de l'Empire étoient ainsi plantées, quelle immense ressource il en résulteroit en gros bois! Pourquoi perdre un instant à la préparer à nos neveux à qui nous n'aurons presque pas de futaies à laisser? Déjà depuis long-temps les agronomes réclament cette plantation ; aussi ne crois-je pas faire une observation neuve, mais elle est vraie, elle est utile, et dès-lors il me paroît convenable de la reproduire, et qu'elle soit reproduite jusqu'à ce qu'il ait été fait justice de cette réclamation de l'intérêt public.

Engrais.

Les engrais, qui sont pour les terres le plus puissant moyen d'amélioration, sont la partie la plus foible de l'agriculture dans les départemens qui sont sur la route de Paris aux Pyrénées. Le parcours et la vaine pâture y sont cause que les excrémens des bestiaux se perdent pour la plus grande partie sur les chemins, dans les fossés, etc. Nulle part on ne recueille avec soin les urines des bestiaux dans les écuries, les étables ou les cours; les dépôts à fumier mal placés par-tout les exposent au soleil qui les dessèche et à la pluie qui les lave. Rarement trouve-t-on dans les métairies que les troupeaux soient en proportion avec l'étendue des terres arables; une bonne culture exigeroit au moins une tête de gros bétail ou l'équivalent en d'autres bestiaux par chaque hectare de terrein, et la proportion est tout au plus de 1 à 4. Aussi de la pénurie de fumier résultent l'appauvrissement progressif de la terre et de chétives récoltes.

Il est rare dans les villes qu'on tire quelque parti des eaux grasses des ruisseaux et des égouts; il est plus rare encore de voir faire usage des matières fécales pour engraisser les terres. Ce sont là néanmoins deux mines abondantes d'engrais, qui seules suffiroient pour enrichir les terres voisines.

Il s'est pourtant formé à Bordeaux, depuis quelques années, un établissement semblable à celui qui existe à Paris, pour la fabrication de la poudrette; elle s'exporte, m'a-t-on dit, par la Garonne jusqu'à Toulouse, et par mer jusqu'en Amérique.

A Poitiers aussi il vient de se former un pareil établissement; les dépôts des matières sont placés à la sortie de cette ville, sur les deux bords de la route de Bordeaux. On s'indigne d'abord qu'on n'ait pas épargné aux yeux et au nez des voyageurs le désagrément qui en résulte pour la vue et l'odorat; mais peut-être par-là a-t-on voulu mettre en évidence une opération propre à provoquer ailleurs l'emploi d'un aussi précieux engrais.

Les Belges qui, je crois, de tous les peuples, sont celui qui a le mieux calculé les travaux de la campagne, sont peut-être aussi celui qui fait le plus grand usage des excrémens humains sur les terres arables, mais c'est toujours sous forme liquide; ils s'épargnent ainsi les frais de manipulation, et de plus l'engrais sous cette forme a dû leur paroître bien plus abondant et plus actif.

Dans la ferme impériale de Rambouillet, de belles étables, de belles écuries, sont disposées de manière que les urines se rendent toutes dans un réservoir commun, d'où on les rejette sur le fumier de litière; c'est là quelque chose; mais on voit avec peine que, dans cette opération, il y a encore une grande perte d'engrais ; on regrette sur-tout que, dans une aussi belle ferme que les étrangers visitent par curiosité, et dont le magnifique troupeau de mérinos fixe l'attention des curieux et excite l'émulation des fermiers d'un grand nombre de départemens, on n'ait pas suivi l'utile et heureuse pratique des Belges sur le terrein de semblable nature qui compose la ferme. Cet exemple n'auroit pas été sans influence et auroit bientôt pu se propager au loin.

A Barbesieux, le maître de la poste dont l'habitation et les écuries sont placées au bas d'une rue en pente rapide, dirige par un petit canal dans un réservoir hors de la ville, et les eaux du ruisseau de la rue et les urines de ses écuries ; on vide le réservoir quand il s'est rempli des dépôts des eaux ; il en résulte une masse considérable de terreau ; mais combien ce mélange d'urines et d'eaux sales de la ville seroit plus profitable si on l'employoit à arroser les terres !

Combien on pourroit augmenter la quantité de fumier que produisent les bestiaux que possèdent aujourd'hui les fermiers et les métayers, en les nourrissant mieux et plus souvent dans les étables et dans les cours ! Avant que j'eusse converti une métairie en faire valoir, mon métayer retiroit des bêtes à cornes et à laine à peine le quart du fumier que ces animaux me donnent aujourd'hui ; ses cochons, suivant l'usage, étoient aux champs tous les jours du matin au soir, aussi ne comptoit-il dans l'année qu'une voiture de fumier par cochon. Aujourd'hui que ces animaux sont soumis à un régime purement domestique, ils sont plus nombreux, d'un entretien plus économique, ne coûtent aucun frais de garde, ne dégradent rien, donnent plus de profit et huit voitures de fumier par tête, ou autant qu'il en faut pour faire produire au terrein en jachère tout le fourrage nécessaire pour les nourrir et les engraisser. On les nourrit dans la cour avec du trèfle vert et tendre, de la luzerne avant qu'elle soit en fleur, du *turqueton* ou maïs fourrage coupé par morceaux, des citrouilles, des fruits de toute espèce verts, mûrs ou pouris, des pommes de terre.

L'engrais se fait avec des pommes de terre cuites, en ajoutant à chaque ration un huitième de farine de maïs, et entre les repos quelques jointées de grain sec, maïs ou fèves ou de glands. Deux fois par jour, matin et soir, on leur sert pour boisson de l'eau blanchie avec du son.

La cuisson des pommes de terre, qui est nécessaire pour l'engrais, offroit deux difficultés majeures : 1°. une grande consommation de combustible ; 2°. une grande perte de temps.

J'ai levé ces deux difficultés en faisant construire deux fourneaux économiques ; l'un dans ma ferme expérimentale de Ressy, l'autre dans ma métairie du Peyré. On y fait cuire à-la-fois à la vapeur de l'eau deux quintaux de pommes de terre dans une barrique placée sur une marmite. La cuisson se fait en deux heures de temps, le soir à la veillée, avec une épargne de cinq parties au moins de bois.

On dit qu'il existe de ces fourneaux en Allemagne ; mais dans mes voyages au sud et au midi de la France, je n'en connois pas d'autres que les miens. Cependant l'invention n'est pas de moi ; j'ai opéré d'après des indications que je me rappelle avoir lues dans des journaux d'économie rurale.

Dans le département de Lot-et-Garonne on met de l'importance à transporter dans le haut ou le milieu des champs, suivant le besoin, la terre que la charrue entraîne insensiblement dans le bas ; cette opération, toujours avantageuse, ne se fait pas sans des frais considérables ; elle a nécessairement des bornes resserrées et des effets trop peu durables.

Le marnage seroit plus utile, et avec des soins on trouve de la marne presque par-tout ; dans la partie du troisième arrondissement qui fait partie des Landes, on commence à se bien trouver de mêler au sable qui forme la couche superficielle du terrein la couche inférieure qui, pour l'ordinaire, se trouve être de la marne argileuse. La méthode de marner y est enfin parvenue de proche en proche de la partie du département du Gers qu'on appeloit ci-devant l'Armagnac; là le marnage a lieu très en grand depuis plus de quarante ans et avec le plus grand succès. Du temps de la régence de Philippe d'Orléans, ce pays étoit tout couvert de bruyères; elles ont presque entièrement disparu aujourd'hui pour faire place à la vigne dont le fruit se convertit en eau-de-vie de première qualité; le défrichement de ces bruyères a été singulièrement favorisé par les grandes routes qu'avoit fait construire, il y a cinquante ans, M. *Detigny*, l'un du petit nombre d'intendans dont la mémoire se perpétuera d'âge en âge dans les généralités qu'ils ont administrées.

J'ai fait faire un heureux essai de la marne argileuse sur le sable d'une métairie que je possède dans les petites Landes; des recherches de marne que j'avois fait faire jusqu'ici à plusieurs reprises dans le sol argileux de ma ferme expérimentale ne m'avoient offert qu'une marne argileuse aussi; mais de nouvelles recherches que j'ai dirigées moi-même cet été ont fait découvrir deux mines de marne sablonneuse, et on vient d'en faire tout nouvellement l'essai sur les terres à blé, sur la vigne, sur un pré, une luzernière, sur le trèfle et le sainfoin; on a dû en répandre dans les cours, en former les aires des étables et des granges et en placer sous le tas de fumier.

Nulle part je n'ai vu faire usage de la chaux sur les terres dans des contrées où rien n'est plus commun que la pierre calcaire, où le bois n'est pas rare pour la calcination; des expériences sur l'emploi de la chaux éteinte que j'avois précédemment prescrites dans ma ferme expérimentale sont encore loin de m'inspirer aucune confiance; je dois croire qu'on ne les a pas faites ou qu'elles l'ont été mal; je viens d'en prescrire de nouvelles; mais sur-tout je guette le moment où je pourrai les diriger moi-même, afin de savoir au juste à quoi m'en tenir. On m'a assuré que, dans le département des Basses-Pyrénées, on employoit la chaux avec le plus grand succès pour l'amendement des terres, ainsi que dans les provinces d'Espagne voisines qu'on nomme les Vascongades.

Ce n'est pas la faute de la nature si la terre ne se trouve pas par-tout féconde en productions de toute espèce que le climat peut comporter; elle a mis pour ainsi dire sous la main de chaque cultivateur, et l'eau dont elle a besoin qu'on l'abreuve, et les engrais variés qui peuvent la rajeunir et perpétuer sa jeunesse.

Jachères, Parcours, Vaine Pâture, Prairies artificielles.

Que de terres arables en jachère dans l'immense intervalle qui sépare Paris des Pyrénées! C'est l'effet d'une culture qui paroît avoir pour unique objet la récolte des céréales. On ne voit guère de terre bien cultivée que dans des territoires resserrés qui entourent les villes et les villages, toujours dans un rayon proportionné à la population et aux ressources en engrais que l'on y trouve.

L'influence principale que les villes exercent sur les campagnes est toujours de rendre la culture plus active aux environs. Hors de là on ne trouve que deux espèces d'assolemens : 1°. Froment avec fumier; 2°. avoine; 3°. jachère : et le plus souvent, sur-tout dans les métairies, 1°. froment; 2°. jachère, et ainsi alternativement.

A ce mauvais système se lient par-tout le parcours des troupeaux ou la vaine pâture; il faut bien laisser inculte une partie des terres pour y faire pacager les bestiaux, quand pour les nourrir on n'a que peu de prairies et de maigres pâturages non enclos. Aussi n'est-il pas rare de rencontrer sur sa route un pâtre fort et vigoureux à la suite d'une paire de bœufs, ou bien conduisant un cheval le licou en main, qu'il promène, plutôt qu'il ne les fait paître, sur les bords des chemins ou dans les fossés, le long des haies, ou bien un enfant suivant des cochons qui fouillent la terre et détruisant les herbages. Le pacage, hors des pâturages enclos, devroit par-tout être réservé exclusivement pour les bêtes à laine, à qui cette utile ressource donneroit plus de taille et plus de laine.

Pour en venir là, que faut-il? convertir la ruineuse jachère en prairies artificielles; ce sont elles qui sont aujourd'hui le véritable thermomètre de la richesse des campagnes; avec des prairies artificielles on se procure de beaux troupeaux, beaucoup de fumier, de belles récoltes; sans elles, troupeaux chétifs, minces récoltes.

A la vue de cet état déplorable des campagnes, un jour plus doux semble vouloir luire aux yeux des amis des champs; les trèfles, la luzerne, le sainfoin, les pommes de terre semblent vouloir se montrer presque par-tout; ce n'est encore, pour ainsi dire, que par forme d'essai, mais pourtant avec des progrès plus sensibles d'année en année ; voilà la principale difficulté vaincue : il sera plus facile d'étendre ces prairies dans de justes proportious, qu'il ne l'étoit de les commencer.

Ce sera aux maîtres de poste sur-tout qu'on sera redevable d'abord de leur culture en grand : dans le Poitou, la poste aux chevaux s'annonce par-tout aujourd'hui par une grande pièce de terre en sainfoin ou en luzerne ; c'est la rareté et la cherté du foin pendant deux à trois années consécutives qui les a forcés de recourir aux prairies artificielles pour approvisionner leurs relais ; voilà pour l'avenir le service de cette intéressante partie de l'administration publique bien assuré ; l'exemple des maîtres de poste aura bientôt un autre avantage, c'est de donner une utile impulsion aux cultivateurs du voisinage, qui verront dans cette culture un sûr moyen de nourrir plus de bestiaux et de les mieux nourrir. Les prairies en luzerne et sainfoin établies par eux sont d'ailleurs autant de modèles de bon assolement, parce que l'expérience leur a appris qu'il étoit avantageux de rendre à la culture ordinaire les prairies qui se détériorent, et d'en former à la place de nouvelles dans des terres usées. Il est aisé de prévoir l'utile influence qui doit résulter dans un avenir prochain pour la prospérité d'un grand nombre de départemens, de ces livres parlans ouverts aux yeux des voyageurs, et sur-tout des paysans du voisinage qui ne peuvent voyager ni lire les livres imprimés.

Jusqu'ici je n'avois vu convertir en prairies de sainfoin que des terreins pierreux ou usés par la vigne et le blé; mais à Barbesieux on apprécie assez le produit de ce fourrage pour le placer dans des terres excellentes; aussi y ai-je vu du sainfoin d'une beauté ravissante. Si je ne me trompe, on y a adopté cet assolement-ci : 1°. Froment; 2°. maïs avec fumier; 3°. froment; 4°. fèves avec fumier; 5°. froment avec sainfoin; 6°., 7°., 8°., 9°. sainfoin.

Par ce moyen, comme dans la division des terres en trois soles, on a en neuf ans trois récoltes de froment; deux récoltes, l'une de maïs, l'autre de fèves qui remplacent trois récoltes d'avoine; ensuite quatre récoltes successives de sainfoin remplacent trois années de jachères. Cette succession de culture améliore les terres d'année en année, même en épargnant un tiers de fumier, qui pourtant devient plus abondant; tandis que dans la culture ancienne des trois soles, elle reste au moins stationnaire, et que dans celles à deux soles elle est de plus en plus appauvrissante.

Si ce n'étoit pas là tout-à-fait l'assolement suivi

à Barbesieux, il n'en est pas moins vrai qu'il seroit bon à suivre, et il deviendroit encore meilleur, si au sainfoin défriché on faisoit succéder les pommes de terre, que remplaceroit le froment ou le maïs, et puis une rotation comme cidessus.

Comme l'agriculture s'enrichiroit si dans tout l'Empire on semoit du sainfoin sur toutes les terres calcaires, sèches, pierreuses ou autrement, de peu de valeur, pour être trop usées! On trouve assez communément ces terres entre Tours, Chartres et Étampes; entre Tours et Bordeaux, entre Bordeaux et les Pyrénées.

Il n'y a pas encore quarante ans que le farouche ou trèfle incarnat ne se cultivoit qu'au pied des Pyrénées; c'est alors que, le premier, j'ai commencé à le cultiver dans le département de Lot-et-Garonne, où ce fourrage étoit entièrement inconnu. Aujourd'hui l'usage de cet excellent fourrage est devenu comme général dans tous les départemens formés du démembrement de la Guienne. Il a produit cette année avec une telle abondance, qu'indépendamment de ce que les bestiaux ont consommé en vert, usage seul auquel on le destine ordinairement, il n'est pas de métairie où l'on n'en ait fait sécher pour provision d'hiver une assez grande quantité. J'envoyai, il y a deux ans, quelques livres de graine à M. *Lullin*, de Genève; si cette graine a réussi, voilà un grand espace de plus de franchi; sa culture s'étendroit ainsi des Pyrénées aux Alpes, des sources de la Garonne à celles du Rhône.

De Paris aux Pyrénées on ne connoît guère que deux récoltes principales, les céréales et le vin; quand elles manquent, la rente de la terre se réduit à presque rien. En établissant des prairies artificielles, on trouveroit une grande ressource de plus dans l'éducation des bestiaux; de-là résulteroit une grande augmentation de fumier, par conséquent une amélioration de la terre pour les céréales, pour la culture des racines, des plantes huileuses et textiles.

Quoique toutes les cultures soient chanceuses, il est certain que plus on multipliera et variera les sources du revenu, moins l'aisance des cultivateurs se trouvera compromise.

Coup-d'Œil sur la plaine de la Garonne.

Entre Bordeaux et Toulouse, les deux rives de la Garonne forment l'un des plus beaux pays de la terre.

La plaine a été évidemment formée par les dépôts limoneux du fleuve que grossissent les eaux de cinq ou six rivières navigables ; par-tout où l'on creuse assez avant, on est assuré de trouver sous les couches de limon les galets ou gros cailloux qu'elles rouloient dans leur ancien lit, comme elles font dans leur lit actuel ; ce sol, non moins fertile que profond ‘ doit donc être inépuisable ; aussi donne-t-il aux colons, sans interruption, les plus belles récoltes, quand des submersions intempestives ne viennent pas les ensevelir sous une nouvelle couche de vase. Ce nouveau dépôt, lorsqu'il n'est pas trop sablonneux, est toujours l'indice comme le principe d'une fertilité qui se développe les années suivantes ; ici les cultivateurs et les colons que guide une longue expérience qui leur est propre, auroient peu de chose à emprunter de l'industrie agraire des autres peuples renommés par leur agriculture ; on peut aussi puiser des exemples à leur école. Là aussi on varie les récoltes et on les multiplie dans la même année ; aux plantes céréales, telles que froment, seigle et maïs, on fait succéder de tout temps et alternativement des plantes légumineuses, fourrageuses ou pivotantes ; la vigne, soit échalassée, soit élevée sur les arbres, y partage le terrein avec ces plantes diverses qui prospèrent bien entre les rangées de vigne plus ou moins écartées ; dans cette variété de récoltes, lorsque tout réussit, le cultivateur trouve la richesse, fruit de ses soins; s'il en est autrement, elle lui offre des compensations qui paient encore ses peines; aussi son activité ne s'oublie pas pour suffire aux travaux variés et sans cesse renaissans qu'entraîne cette belle culture; ce sont des bœufs et des vaches de la plus belle espèce qu'il s'est associés.

Ces animaux, et les bêtes à laine à qui le chaume fournit une ample litière dans les étables, produisent un fumier abondant; ce fumier est distribué avec intelligence sur le terrein amaigri par les récoltes précédentes, ou que les eaux limoneuses n'atteignent que rarement, ou qu'elles recouvrent d'un sable trop peu mêlé d'argile; dans ces sortes de terreins on supplée à l'insuffisance du fumier par l'engrais végétal, et à cet effet on cultive aujourd'hui les lupins, les fèves, les vesces, les raves et le farouche, pour enfouir ces plantes au moment de la floraison.

Les autres plantes qui alternent le plus communément avec les céréales sont les raves, les pommes de terre, les fèves, les vesces, les oignons, le maïs fourrage, les potirons ou citrouilles, le lin, le chanvre et le tabac. Le pastel commence à remplacer le tabac dont la culture est un peu découragée.

Le chanvre sur-tout, depuis long-temps, est dans la plaine de la Garonne et dans les plaines de ses affluens l'objet d'une récolte principale ; sa préparation y occupe un nombre considérable de bras ; de nombreux métiers de tisserands, de cordiers, lui doivent l'existence ; la marine, ses voiles et cordages ; les pêcheries, leurs filets ; de là une grande population, active, industrieuse, qui a couvert la contrée de villes, de charmans villages, d'habitations éparses dans la campagne, dont la construction annonce la richesse du propriétaire et l'aisance du cultivateur et de l'artisan.

C'est là, comme dans la Belgique, que l'on peut observer l'heureuse et réciproque influence des campagnes bien cultivées sur l'industrie manufacturière des villes, et des villes populeuses sur l'industrie agricole.

Dès qu'il a été permis en France de cultiver le tabac, les colons de la plaine se sont empressés de l'introduire dans le cours de leurs moissons, avec d'autant plus de raison qu'il y est d'une qualité supérieure ; cette culture y a fait de rapides progrès, parce que nulle part le sol ne convient mieux à cette plante épuisante ; de la plaine elle a bientôt passé sur les coteaux environnans et sur ceux des affluens de la Garonne ; ça été un bien momentané ; les feuilles du tabac s'étant d'abord vendues avec facilité et à un bon prix, tandis que les denrées principales, le blé et le vin, restoient invendues dans les greniers et les chais, même à vil prix; les difficultés que depuis on a fait éprouver à cette culture n'ont point encore lassé l'ardeur des planteurs.

Mais dans l'avenir en résultera-t-il un bien ou un mal pour l'agriculture en général, ailleurs que dans les bonnes plaines des fleuves et des rivières affluentes, dont la nature même entretient la fertilité par de fréquentes inondations?

Les autres cultivateurs auront aussi fait une bonne acquisition, si, afin de pourvoir au besoin d'engrais que cette plante exige dans les meilleurs terreins, ils s'attachent à augmenter la masse des fumiers par une bonne culture des prairies artificielles et à recourir subsidiairement aux amendemens végétaux et minéraux; mais s'ils veulent cultiver le tabac sans s'écarter sur ce point de leur routine et sans autre moyen de prétendue amélioration que la jachère, on doit prévoir que le tabac ne tardera pas à épuiser des terreins déjà fatigués depuis long-temps par le retour trop fréquent des céréales et le défaut d'amendement.

Mérinos et perfectionnement des races communes de bestiaux.

Dans les deux bassins de la Garonne et de l'Adour on a commencé à sentir la nécessité et les avantages qu'il y a à améliorer la race des bêtes à laine : dans le département de la Gironde, c'est M. le sénateur comte *Journu*, membre de la Société d'Agriculture de Paris, qui a donné le premier exemple ; il a formé un beau troupeau de bêtes de race pure dans son domaine du Tustal, situé dans l'Entre-Deux Mers. A son imitation un autre troupeau de mérinos a été formé dans le voisinage ; il en existe un troisième dans les Landes de la Gironde, entre Basas et Roquefort ; un quatrième dans le Bas-Médoc : M. *Gary*, préfet de la Gironde, médite l'établissement d'un troupeau national ou départemental dans les Landes situées entre Bordeaux et le bassin d'Arcachon. Ce magistrat a calculé que si les six cent mille bêtes à laine qui existent dans cette infortunée contrée étoient changées en mérinos ou en métis croisés au degré de laine superfine, les colons y verroient leur revenu s'accroître tous les ans de plusieurs millions. Nul doute que l'amélioration de ces troupeaux n'influât beaucoup aussi sur celle des terres ; on ne peut s'occuper de l'éducation des mérinos ou du croisement de la race commune avec des beliers de race superfine, si l'on ne songe préalablement à se procurer les moyens de les nourrir, le pâturage seul dans les Landes ne suffit pas ; il faut recourir aux prairies artificielles et aux racines ou tubercules, raves, pommes de terre, topinambours. Le sol des Landes est très-propre à ces diverses cultures; il ne refusera rien à l'industrie des cultivateurs.

La réussite d'un semblable troupeau est garantie par l'existence de celui des Landes du Mont-de-Marsan. Il est vrai qu'il est difficile de choisir aussi bien et le local et le directeur. Nul autre ne peut être plus zélé, plus soigneux, plus vigilant, plus éclairé que M. *de Poyféré de Cère*, à qui le Gouvernement a confié ce troupeau; lui-même a été choisir et acheter en Espagne parmi les troupeaux les plus renommés et a conduit au milieu de mille obstacles les bêtes qui le composent. Il l'a fixé dans son domaine de Cère, à deux lieues de Mont-de-Marsan. La bergerie est placée là dans le désert, mais dans un oasis véritable; c'est là que j'ai été conduit à la fin de juin 1809 par M. *de Poyféré*, dans la compagnie de M. le préfet dont on ne peut trop louer le zèle pour tout ce qui tend à la prospérité de son département.

La bergerie est distribuée en quatre corps de bâtimens neufs, de forme simple mais gracieuse; les bâtimens isolés les uns des autres par des allées de platane divisent aussi le troupeau en quatre troupeaux; les beliers, les brebis portières, les antenois et les antenoises, et les malades; chacun est sous la garde d'un berger particulier que le directeur a choisi dans le pays et formé lui-même.

On supplée à l'insuffisance du pâturage sur les Landes avec le grain, le foin, des racines qu'on distribue dans les bergeries, et par le pâturage dans des prairies artificielles; M. *de Poyféré* a consacré à ces diverses cultures tous les sables arables de deux métairies qui entourent la bergerie et son charmant manoir. Là il fait cultiver en grand la luzerne et le trèfle, le panis; les pommes de terre et les topinambours. Il a aussi essayé le marnage dans son jardin potager; le succès ne lui laisse aucun doute, ni à moi non plus, sur le bon effet qu'il pourra obtenir dans le reste du domaine; on y croiroit tous les légumes, et particulièrement les fèves de marais, venus sur le limon du Nil; la garance d'Espagne, dont on y a essayé la culture, s'y montre avec toute sorte d'avantage.

Le domaine de Cère est environné de grands bois bien tenus, soit taillis, soit futaies; c'est par une avenue de grands et beaux chênes qu'on arrive à une longue plate-forme de six rangées de chênes qui marquent trois générations. Le grand-père a planté les deux premières, le père les deux secondes, le digne petit-fils les deux troisièmes; ces allées conduisent à la maison d'habitation qu'entourent des jardins et de belles et jeunes allées de platane et autres arbres exotiques. En cent endroits des Landes, mais plus particulièrement à Cère, on acquiert la pleine conviction que partout, avec des soins soutenus, on peut convertir ce grand désert de la France en un véritable Elysée.

Dans le département de Lot-et-Garonne aussi, on a entrepris l'amélioration des bêtes à laine; c'est à M. *Digeon*, l'un des plus grands terriens du département, qu'on en est redevable; il est, je crois, le premier cultivateur de la Guienne qui ait formé un troupeau de mérinos. Il alla lui-même en 1804 l'acheter en Espagne avec l'autorisation du Gouvernement; il le conduisit et le fixa à Lasserre, canton de Francescas, arrondissement de Nérac; avec le croît de ce troupeau, il en a formé un second qu'il a placé dans son beau domaine de Poudenas, canton de Mezin, même arrondissement, sur les bords des petites Landes.

A l'arrivée du premier troupeau à Lasserre, M. *Digeon* céda à prix coûtant quelques individus mâles et femelles à ceux des cultivateurs de ce département et des départemens voisins qui en désirèrent. J'obtins pour ma part un belier et deux brebis, et je fus le seul cultivateur de l'arrondissement de Nérac qui entreprit pour lors l'amélioration de la race commune par le croisement. Ce mode, ce me semble, est celui qui convient le mieux au plus grand nombre de propriétaires dans un département où la grande division des terres, le peu d'étendue des métairies et le défaut de pâturages communs, ne permettent pas de former de nombreux troupeaux, et sur-tout de fournir aux avances et à tous les frais d'entretien qu'ils exigeroient, si on les composoit en totalité de bêtes de race pure. Au surplus, j'ai eu assez de succès dans mon entreprise pour que d'autres depuis aient suivi mon exemple ; dans mon canton il y a aujourd'hui plusieurs beliers extraits des troupeaux de M. *Digeon*, qui sont employés au métissage ; un de mes métayers s'est laissé convaincre des avantages résultant d'un semblable croisement ; aussi prend-il un soin convenable d'un belier mérinos né dans ma ferme expérimentale et que je lui ai confié pour la *monte* de ses brebis.

En considérant l'état de toutes les espèces de bestiaux dans les divers départemens que je viens de traverser, on ne peut s'empêcher d'émettre le vœu que le Gouvernement entreprenne pour l'amélioration des autres races ce qu'il a si heureusement exécuté pour celles des chevaux et des bêtes à laine. Depuis long-temps les véritables amis de la prospérité de la France désirent que les cultivateurs puissent avoir par-tout à leur portée de beaux étalons de toute espèce ; il me semble qu'on devroit d'abord les placer sur les routes de première classe en dépôt chez les maîtres de poste, qui peuvent avoir des bâtimens suffisans et des prairies naturelles et artificielles à leur disposition ; ce seroit les placer sous les yeux des voyageurs même dont il importe le plus d'éveiller l'attention. Les dépôts aux frais des communes pourroient ensuite se multiplier de proche en proche ; il suffiroit bientôt au Gouvernement d'entretenir quelques grands établissemens pour l'éducation d'individus mâles et femelles de races choisies, où les gardes des dépôts et les amateurs pourroient se pourvoir facilement et à un prix modéré.

Canal des Landes.

Il y a trente ans que MM. *Clavaux* et *Charreton* proposèrent au Gouvernement d'alors, et depuis à l'Assemblée constituante et à la première Assemblée législative, d'entreprendre de joindre la Garonne avec l'Adour par un canal de navigation, dont le point de partage seroit au-dessous de Gabarret. Fort heureusement ils n'y furent pas autorisés ; leur ruine et celle de leurs associés en eût été la suite inévitable ; à moins d'obtenir des secours du Gouvernement, il leur eût été difficile de retirer d'un simple droit de navigation un revenu capable de couvrir les avances; j'ai, dans plus d'une circonstance et dès le principe, secondé les efforts de MM. *Clavaux* et *Charreton*, tout en reconnoissant que les départemens que ce canal traversera ne pouvoient devoir un si grand bienfait qu'au Gouvernement. Ce projet a essuyé bien des contradictions; mais enfin il a suffi d'un simple coup-d'œil à l'Empereur, lors de son premier passage au Mont-de-Marsan, pour apprécier toute son importance, et il a décrété en 1808 que l'Adour et la Garonne seroient réunies par un canal artificiel sous la dénomination de *canal des Landes*.

Le point de partage des eaux a été changé et porté plus haut à Saint-Criq, entre Gabarret et Eauze, dont il sera plus rapproché : Eauze, qui étoit l'une des métropoles de l'empire romain, n'est plus qu'une petite ville, mais elle est le centre du commerce des eaux-de-vie de l'Armagnac; ce pays, pauvre et inculte au commencement du dix-huitième siècle, ne forme plus aujourd'hui qu'un immense vignoble dont on distille tout le vin. J'ai parcouru avec l'ingénieur, chargé spécialement de ce travail, toute la contrée où l'on doit asseoir le partage des eaux; M. *Siret*, ainsi se nomme cet habile ingénieur, met autant de zèle que de talent à terminer tous les travaux préliminaires commencés d'abord par M. *Panay*, ingénieur en chef du département des Landes. La Douze qui passe au Mont-de-Marsan pour se rendre dans l'Adour et qui commence à y être navigable, et la Gelise qui verse ses eaux dans la Garonne par l'intermédiaire de la Bayse à qui elle se joint à Lavardac, doivent déterminer la direction du canal qui suivra leurs cours ou une marche parallèle.

L'embouchure de la Bayse et celle du Lot, l'une sur la droite, l'autre sur la gauche de la Garonne, au-dessus et au-dessous d'Aiguillon, se trouvant presque vis-à-vis l'une de l'autre, on peut dire que la ligne de ce canal se développera de Bayonne à Cahors, dans une étendue de plus de quatre-vingts lieues dans les terres; sa réunion avec la Garonne en fera aussi une branche du canal des Deux-Mers : il en sera le complément. Sous ce rapport il se lie au système général de la navigation intérieure de l'Empire, et il réunira plus particulièrement le commerce de la France avec celui de l'Espagne; l'agriculture des Landes de l'ancienne Guienne dont il va marquer les limites avec la Garonne, la Gironde et l'Adour, ne peut manquer d'en ressentir l'utile influence; sur les deux bords de la ligne qu'il doit traverser, on peut compter cent mille hectares de marais, de bois rabougris ou de bruyères dont on lui devra la culture. Il facilitera dans les départemens qu'il doit traverser le transport du charbon de terre des mines de Crameaux situées sur les bords de Tarn ; ce combustible qui manque absolument sera demandé par grandes quantités après l'ouverture de la navigation pour le service des usines et pour la distillation des vins de l'Armagnac. Que de transports ruineux pour l'agriculture on eût évités aux départemens du Gers, des Landes et de Lot-et-Garonne ! Que de millions inutilement dépensés auroit épargnés le Gouvernement ! Que de pertes en hommes et en chevaux on eût sauvées aux armées des Pyrénées occidentales, si ce canal eût été exécuté dès qu'il fut proposé pour la première fois en 1787 ! J'ai plus d'une fois depuis appelé l'attention du Gouvernement sur cet utile établissement en 1792, en l'an V et en l'an VIII.

M. le directeur général de la navigation ne doute pas des heureux résultats qu'il pourra produire ; il a déjà reçu de l'ingénieur des renseignemens qui le mettront à portée de faire incessamment à Sa Majesté un rapport avantageux ; tout porte à croire, d'après les premiers aperçus, qu'on pourra réunir au point de partage un volume d'eau qui excèdera les besoins de la navigation ; je désire bien que cet excédant soit aussi considérable qu'on l'espère, et qu'on puisse en disposer pour l'irrigation des terres. Il est bien à désirer aussi que le déplacement de M. *Siret*, occasioné par l'avancement qu'il vient d'obtenir, ne compromette pas le succès de ce bel ouvrage, ou simplement sa prompte exécution. Les détails préparatoires sont aujourd'hui confiés à M. *Fontouin*, ingénieur ordinaire, sous la direction de M. *Deschamps*, inspecteur divisionnaire; le zèle et les lumières de ces ingénieurs ne laissent rien à désirer.

Voilà au reste les véritables encouragemens qu'un Gouvernement sage et prévoyant doit et peut seul procurer à l'agriculture d'un grand Empire; rien ne peut plus contribuer à sa prospérité que des communications nombreuses et faciles de terre et d'eau entre tous les départemens pour l'échange du superflu des denrées; sous ce rapport, l'heureux et vaste Génie qui règle nos destinées fait plus que remplir nos voeux, il les prévient.

De l'agriculture du département de la Gironde.

Les vins de Bordeaux, blancs et rouges, aussi agréables que bienfaisans, furent de tout temps recherchés des étrangers : on n'est donc pas étonné, en entrant dans le département de la Gironde, soit qu'on arrive de Paris ou d'Agen, de voir de la vigne par-tout, et que sa culture se soit étendue dans les contrées voisines de la Garonne, depuis son embouchure jusqu'à ses sources et à celles de tous ses affluens. Mais c'est particulièrement dans l'agriculture bordeloise que la vigne est un objet de prédilection; ailleurs elle n'occupe guère que des terreins peu propres à la culture des grains; ici on la cultive dans la plaine comme sur les coteaux, dans les terreins d'alluvion comme dans le mauvais terrein: cependant les vins délicats ne se recueillent que dans un sol graveleux. Cette culture en général a été portée à un point de perfection qu'il est difficile de surpasser ou même d'égaler. Les soins recherchés qu'on lui donne s'étendent également à toutes les branches accessoires de cette industrie, aux oseraies, aux saussaies, aux châtaigneraies; depuis trente ans on a multiplié les acacias, qu'on gouverne comme les saules et pour les mêmes usages.

Le merrein ordinaire étant devenu rare et par conséquent trop cher, c'est à Bordeaux sur-tout que l'on devoit espérer de voir l'industrie œnologique chercher dans la culture d'autres arbres exotiques ou indigènes de quoi suppléer le chêne et le châtaigner; c'est ce que vient de faire

M. *Bergeron*, ancien magistrat et membre de l'Académie de Bordeaux. L'expérience lui a prouvé que le saule et le frêne, et particulièrement l'acacia ou robinier, peuvent fournir de bon merrein.

C'est sur la plus grande échelle que sont formés dans le pays bordelois les divers établissemens relatifs à la fabrication du vin, à sa conservation, à la distillation, à la rectification des esprits. Ces établissemens, nombreux à la campagne chez les propriétaires de vignobles, ne le sont pas moins à la ville dans les maisons de commerce qui bordent le quai d'un bout de la ville à l'autre.

Le produit des récoltes en vin dans tout le département varie entre deux cent et cinq cent mille tonneaux. Le commerce de ses vins et celui des denrées coloniales étoient deux sources fécondes de prospérité pour la ville de Bordeaux avant la révolution : elle a perdu l'un et l'autre ; elle doit espérer de les retrouver à la paix. En attendant, un propriétaire qui possède pour 150,000 fr. de vin dans son chai ne trouveroit pas aujourd'hui un crédit de 3,000 francs ; et les journaux qui se publient à Bordeaux annoncent fréquemment des biens en vignes à affermer, en bon crû, avec la jouissance d'une habitation agréable, pour les seuls frais de culture et de régie, ou à condition de compter de clerc à maître.

La vigne et le commerce paroissant avoir absorbé toute l'attention des Bordelois, il s'ensuit que la culture des terres arables, qui n'offroit pas des rentrées aussi considérables que la vigne en proportion des avances, y paroît négligée et comme abandonnée à l'ignorance routinière des colons. Mais l'attention des cultivateurs semble vouloir se réveiller et se porter vers la culture des prairies artificielles et l'éducation des bestiaux; si le commerce des vins reste encore en stagnation pendant quelques années, il n'y a pas de doute que la culture des terres arables y changera forcément en mieux; on y verra sur-tout le sainfoin remplacer la vigne, particulièrement dans les *graves*, si l'on étoit obligé d'abandonner la culture de celle-ci dont les travaux commencent à être négligés.

On doit citer M. le sénateur comte *de Tustal*, membre de la Société d'Agriculture de Paris et M. *Legris*, son gendre, membre du Corps législatif, comme ayant déjà donné une utile impulsion à la culture des terres arables dans l'Entre-Deux-Mers, c'est-à-dire dans la presqu'île que forment, avant de se joindre, la Garonne et la Dordogne; ils ont commencé à y changer l'assolement routinier; ils y ont introduit la culture des prairies artificielles et l'éducation des mérinos.

L'interruption du commerce maritime est sans doute un grand mal pour Bordeaux; mais comme il y a compensation à tout dans ce monde, on peut espérer que, d'un autre côté, il en résultera quelque peu de bien : repoussé de la mer, le commerce s'est dirigé dans les terres ; aussi depuis Cubsac jusqu'à Barbesieux, particulièrement à Cavignac et autres cantons peu habités, on rencontre sur les deux bords de la route un grand nombre de maisons nouvellement construites ou en construction, indice certain d'une prospérité croissante ; elle marche nécessairement à la suite du roulage, qui a besoin de stations fréquentes pour la nourriture et le repos des hommes et des animaux. Si cet état de choses dure encore quelque temps, il est vraisemblable que les propriétaires de ces nouvelles auberges, trouvant dans le fumier des animaux employés au roulage une nouvelle ressource pour la culture des terres, se détermineront bientôt à établir des prairies artificielles, comme le font ailleurs les maîtres des postes, pour s'affranchir de la cherté des foins et pour grossir leurs profits; et si ensuite les choses venoient à changer, ils ne pourroient maintenir leurs nouveaux établissemens qu'en se livrant eux-mêmes à l'éducation des bestiaux : ainsi, quoi qu'il arrive, de la nouvelle direction prise momentanément par le commerce résultera l'amélioration de la culture dans cette partie du département de la Gironde.

C'est bien à propos que, dans ces circonstances, M. *Dupin* a fait construire au passage difficile et redouté de la Dordogne à Cubsac, sur la route de Paris, un pont volant, le premier et le seul qui existe encore dans l'ancienne France; le commerce y trouve de grandes facilités, puisqu'il passe à-la-fois, sans risque et en moins de temps que les bateaux ordinaires, un grand nombre de voitures chargées; il a été bien utile à l'armée d'Espagne en facilitant le transport d'une rive à l'autre des troupes à pied et à cheval, des équipages et des trains d'artillerie; dans un seul passage il a été transporté jusqu'à deux mille hommes à-la-fois.

Si l'on ne savoit que la culture des vignes, la fabrication des vins et le commerce des colonies ne laissoient autrefois à Bordeaux aucuns fonds oisifs, on ne pourroit concevoir comment ses riches capitalistes dans les temps d'opulence, lorsque dans l'intérieur de la ville il se construisoit dans une année jusqu'à cinq cents maisons en terrein vierge, ne se sont pas attachés à dessécher quarante mille hectares de marais qui existent encore dans le département et sur les borbs de la Garonne, de la Dordogne et de la Gironde, et à mettre en valeur les landes qui séparent Bordeaux du bassin d'Arcachon, sur une étendue de huit heures de chemin.

On procède en ce moment au dessèchement de quelques marais aux environs de la ville; M. *Gary*, préfet actuel de la Gironde, prépare les moyens de faire achever tous les dessèchemens commencés et laissés imparfaits jusqu'ici; et d'opérer ensuite tous les autres dessèchemens possibles et non encore tentés. Ce magistrat se propose aussi de rendre viable en tout temps, même pour les voitures à quatre roues, la route de Bordeaux au bassin d'Arcachon, d'où cette grande ville tire tout le poisson qu'elle consomme; cette route mise en bon état pourra contribuer à vivifier cette partie du grand désert. Dans l'état actuel des choses, les voitures ordinaires ne peuvent pas s'y engager sans risque; le simple voyageur à pied ou à cheval ne s'y hasarde pas sans guide.

Colonie blayoise.

Après avoir quitté Pessac à une heure de chemin de Bordeaux et sur la rive gauche de la Garonne, et avoir passé les limites du vignoble d'Haubrion, on trouve à l'entrée du désert ce qu'on appelle la colonie des *Blayois;* elle est formée d'une vingtaine d'habitations situées sur l'un et l'autre bord de la route et à quelque distance l'une de l'autre ; les maisons sont proprement construites et blanchies en dehors ; chaque tenancier a défriché, planté et cultivé une portion de landes aux environs. Un grand propriétaire à qui ces landes appartenoient, et qui possédoit en même temps de grands domaines du côté de Blaye, y appela les premiers colons, il y a environ quarante ans, et les y fixa, en les rendant chacun propriétaire d'un petit domaine. Dans cette petite colonie tout semble respirer l'air de l'aisance. On prend là facilement l'idée de ce qu'il y auroit à faire sur le reste de la route.

De cette intéressante colonie blayoise, jusqu'au passage de la rivière de Leyre à Lamothe, sur le chemin de la Teste, on ne trouve plus qu'un seul gîte à la croix de Lintz qui se trouve au beau milieu du désert. Si la route dans toute sa longueur devient jamais viable pour les voitures à quatre roues, on ne peut douter que la facilité d'y former de grands établissemens et de pouvoir les visiter en tout temps ne tente bientôt les capitalistes ; ils pourroient trouver de l'avantage à créer là des forêts nouvelles de différentes espèces d'arbres auxquels le terrein peut convenir, tels que chênes, pins maritimes, châtaigniers, noyers, acacias, etc. M. *Cambon* paroît avoir prouvé par de grandes plantations d'acacias le succès qu'on peut en attendre sur les sables les plus arides.

Les frais d'une nouvelle route ne sauroient être considérables, parce qu'il suffiroit de la border de fossés larges et profonds pour l'écoulement des eaux et pour la préserver de celles d'infiltration, de la traverser de quelques ponceaux, de la relever avec les déblais des fossés, et de planter sur les bords intérieurs quatre ou au moins deux rangées d'arbres dont les racines entrelacées donneroient une consistance solide au terrein; il faudroit, pour l'entretien journalier qui consisteroit à combler les ornières et les pas des bœufs, établir de distance en distance quelques colons à qui l'on imposeroit la tâche de les combler au fur et à mesure du besoin.

Bassin d'Arcachon.

Le bassin d'Arcachon, seul refuge pour les navires sur soixante lieues de côtes, où l'on arrive aujourd'hui par terre avec tant de peine, mérite bien qu'on lui ouvre une communication facile avec la grande et belle ville de Bordeaux. Ses alentours, qui forment un canton de quinze lieues de superficie, sont habités par une population de quinze mille ames, distribuée entre une quinzaine de villages composés de maisons commodes toutes reblanchies tous les ans en dehors, isolées et séparées les unes des autres par des jardins, des prés, des champs, des vignes ; à trois ou quatre mille toises de rayon le territoire n'offre que des bois, des champs sablonneux qu'on ensemence tous les ans et que l'on engraisse avec des herbes marines, des prés que l'on couvre aussi tous les ans d'engrais, des vignes de peu de durée parce qu'elles sont plantées dans le sable, mais faciles à renouveler et qui sont d'un bon produit. Il ne manque à la culture des champs que l'adoption des trèfles et autres plantes fourrageuses, des racines et des tubercules, pour reproduire celle de la Belgique. A ces diverses branches de l'industrie agraire se joignent la pêche et les marais salans, pour donner chaque jour de l'occupation à cette intéressante et industrieuse population.

On regrette que ces charmans villages qui embellissent ce joli paysage, dont la distance de l'un à l'autre est d'environ une heure de chemin, ne communiquent pas facilement l'un avec l'autre.

Il seroit à désirer qu'une nouvelle route, formée sur les limites qui séparent la lande du terrein cultivé et à laquelle aboutiroit celle de la Teste dont nous venons de parler, vînt en faciliter les abords.

Ces nouveaux moyens de communication offriroient aux voyageurs étrangers qui séjournent à Bordeaux une nouvelle course attrayante, puisqu'elle auroit pour terme, après une longue traversée dans le désert, la vue de la mer, la navigation dans le bassin, et à parcourir un pays romantique et la nouvelle forêt qui se forme sur les dunes. Quelques-uns pourroient être tentés d'y former un établissement, sur-tout après la fixation des dunes de la Teste et du Cap Ferret; leur séjour seul ou le simple passage ne pourroit manquer de tourner à profit pour la culture des landes adjacentes et de celles qui bordent la route de la Teste.

Semis des Dunes.

On ne peut parler de la fixation des dunes sans rappeler le nom de *Brémontier,* membre de la Société d'Agriculture du département de la Seine; ce fut une belle idée à lui d'entreprendre d'en fixer le sable mouvant par un semis de pins maritimes, d'abord à la Teste de Buch et ensuite sur toute la côte, entre Bayonne et la pointe de Grave; la gloire qu'il a eue de faire adopter ses vues par le Gouvernement doit le rendre immortel dans le souvenir des habitans de cette partie des landes et de tous les amis éclairés de l'agriculture.

La France lui devra la conservation de près de cent mille hectares d'un terrein précieux qui borde la chaîne des dunes dont le sable alloit les couvrir ; la population locale lui devra de plus de respirer un jour un air pur que de nombreux marécages rendent aujourd'hui malsain ; à mesure que les dunes se fixeront, elles ne s'opposeront plus au passage des eaux dont le sable qu'elles roulent obstrue le cours et qu'il fait refluer dans la plaine.

Le Gouvernement lui devra une forêt de plus de cent mille hectares, qui pourra donner un revenu égal à la moitié de la première mise dehors; il lui devra aussi d'épargner une somme à-peu-près égale, et qu'occasioneroit l'établissement de phares et de balises que ne pourroit s'empêcher d'établir un Gouvernement sage et prévoyant, jaloux de protéger la navigation sur une côte sans refuge et si redoutée des navigateurs.

La Société d'Agriculture du département de la Seine s'est associée à tant de gloire, en soutenant le courage de l'auteur de ce magnifique projet, lorsqu'il étoit le plus en butte aux contradictions.

C'est en 1787 et 1788 que M. *Brémontier* fit ses premières tentatives, c'est en 1802 que

S. M. l'Empereur, alors premier Consul, dont le génie créateur saisit si vite les grandes vues, décida qu'on les étendroit à toute la côte qui se développe sur une ligne de soixante lieues.

L'état des semis exécutés jusqu'à ce jour sur le bassin d'Arcachon ne permet plus de doutes sur la solidité, ainsi que sur la durée de cette fixation ; il n'y a plus à dire aux incrédules s'il en existoit, sinon *allez à la Teste et voyez :* là le sable mouvant leur paroîtra raffermi sous des pins de quatre à cinq ans, comme sous ceux de vingt ; au bout de l'avenue qui traverse un pignada de l'âge de quinze ans, et qui de la maison du garde conduit au bassin, ils verroient, comme je l'ai vu, les flots battre les pieds des pins et les respecter.

En parcourant les deux anciennes forêts de la Teste que les nouveaux semis vont réunir, ils se trouveroient sur des dunes anciennement fixées et dont les pins qui les couvrent datent de plusieurs siècles.

C'est à l'école des cultivateurs des landes que M. *Brémontier* commença à s'instruire dans l'art de fixer les dunes, en y semant du pin maritime ; mais pour transporter les usages de la plaine sur les hauteurs, il falloit raisonner et perfectionner une pratique routinière, c'est ce qu'il fit ;

l'expérience a prouvé la bonté des procédés que l'on suit aujourd'hui.

Quand on n'a pas à craindre le roulement du sable qui étoufferoit le jeune plant en le recouvrant, ou la graine avant la germination, on sème sur le terrein nu ; de cette manière la besogne s'expédie promptement et à peu de frais, et c'est là la manière d'agir des cultivateurs de la plaine. Par-tout où cet accident est à craindre, ou afin de préserver la graine d'être dévorée par des nuées de corbeaux qui en sont très-friands, après le semis on recouvre le terrein de branchages, de joncs, de longues herbes ; dans le principe on plaçoit sur ce recouvrement des traverses assujetties par de petits crochets de bois fixés en terre ; cette précaution a paru depuis superflue, et en la supprimant on a diminué les frais.

Cette couverture donnée à la graine en favorise aussi la germination, en conservant l'humidité du terrein à la superficie. L'expérience a fait reconnoître encore que les jeunes pins, lorsqu'ils occupent seuls le terrein, croissent lentement ; leur végétation est bien plus rapide à l'ombre du genêt commun qui s'élève vite et les protège ; les tiges touffues du genêt rompent l'action des rayons du soleil sur un sable fin et blanc; elles remplacent la première couverture qui finit bientôt par se détruire, et qui remplissoit d'abord cet objet. C'est aujourd'hui une règle dont on ne doit plus s'écarter, de ne semer la graine de pin que croisée avec celle du genêt.

Voilà de nouveaux faits à l'appui de l'opinion de M. le sénateur comte *François de Neuf-Châtaux* sur l'utilité générale du semis de genêt pour protéger les semis des bois. Les essais faits sur les dunes ont pris leur origine dans l'observation de ce qui se passe naturellement dans le reste des landes, où le terrein se boise d'autant plus facilement qu'il se trouve couvert de bruyères et de genêts, soit communs, soit épineux; les cultivateurs des bords de la Gelise n'ignorent pas que le succès du gland de *surrier* ou arbre à liège n'est jamais autant assuré sur un terrein labouré et semé en grain que lorsqu'il se trouve abrité par la grande bruyère, le jonc marin, le genêt commun et les pins maritimes.

Il est encore une précaution nécessaire à prendre pour préserver sur les dunes les semis nouveaux, pendant les cinq ou six premières années, du roulement des sables voisins non encore ensemencés. Dans le principe on séparoit le terrein ensemencé de celui qui ne l'étoit pas par des clayonnages fixes élevés de quelques pieds au-dessus du niveau du sol; les sables poussés par les vents venoient s'amonceler extérieurement le long des clayonnages qui, le plus souvent, étoient insuffisans pour résister à leurs efforts; il falloit à ces foibles barrières de fréquentes réparations, et même les rétablir en entier; de là des frais extraordinaires et considérables. Depuis peu on leur a substitué des châssis mobiles en planches, de six pieds de long et d'autant d'élévation; les planches sont assujetties à deux montans et à deux traverses; deux hommes transportent facilement un châssis et le fixent en terre, comme les bergers fixent les claies des parcs; l'assemblage des châssis forme une barrière impénétrable : quand les sables amoncelés menacent de passer par-dessus, on les soulève sans les changer de place; le danger passé, les châssis se transportent ailleurs; on les a donc préférés aux clayonnages, parce qu'ils remplissent mieux l'objet qu'on se propose, et que de plus il en résulte diminution dans la dépense.

Les semis commencés à la Teste en 1787 et continués jusqu'en 1809, mais avec une interruption de quelques années, s'étendent sur environ mille hectares; il est vraisemblable que, cette année 1810, on opèrera la réunion de la grande avec la petite forêt d'Arcachon sur le revers des dunes qui regarde la mer; l'intervalle qui sépare ces forêts, quand je les ai visitées, n'étoit plus que de soixante-dix hectares.

Le revers de l'est présente à boiser une bien plus grande superficie; de ce côté-ci de la dune, mon conducteur, âgé d'environ quarante-cinq ans, me désigna sous des monceaux de sable un vaste terrein sur lequel il avoit vu vendanger dans sa jeunesse : mais enfin voilà le danger passé; les terres voisines, le port et la ville de la Teste sont aujourd'hui garantis par les nouveaux semis de tout envahissement.

Combien on éprouve de satisfaction, après être monté à grand'peine au sommet de cette montagne de sable mouvant, où chevaux et cavaliers couroient risque d'être engloutis s'ils marchoient sans guide, de se trouver sur le terrein raffermi de cette vaste forêt naissante! L'opération du semis a eu un succès complet dans toutes les parties, excepté sur un petit nombre d'arpens de la plage, où la graine, semée à plusieurs reprises, n'a jamais levé; mais ces petits espaces se recouvrent d'herbe aujourd'hui; on y remarque quelques pins naissans par intervalle, dont la graine doit y avoir été portée des pignadas voisins, ce qui ne laisse aucun doute que, lorsque les pins des environs seront élevés, tout le terrein se boisera de lui-même après s'être couvert de gazon.

Les premiers semis de M. *Brémontier* offrent

déjà, à la quinzième année, des pignadas en état de production. A cet âge les arbres qu'il faut encore faire disparoître en jardinant, pour ne laisser sur le terrein que ceux qui doivent rester à demeure, sont saignés à mort successivement pour en recueillir la résine, c'est-à-dire qu'on en extrait toute la sève; cette opération se continue d'année en année, jusqu'à ce que les beaux arbres désignés pour être conservés aient leur tige telle qu'un homme, en étendant ses deux bras, ne puisse entièrement l'entourer, ce qui suppose un diamètre de vingt à vingt-quatre pouces, et l'âge de vingt ans.

Dans le jardin du garde on voit de beaux pieds de vigne; des framboisiers dont la feuille est plus grande du double que celle des mêmes framboisiers dans la plaine; de beaux pommiers et poiriers; trois chênes, dont le garde a lui-même mis en terre le gland qui les a produits, sont remarquables par leur élévation et la vigueur de leur végétation : nul doute qu'on ne puisse multiplier sur les dunes tous les arbres forestiers et fruitiers du pays et beaucoup d'arbres exotiques ; peu de terreins sont doués d'une égale force végétative; à en juger par les chênes venus dans la plaine, ils y prendroient un accroissement prodigieux. Je viens d'en faire exploiter un dans un de mes domaines à l'entrée des petites landes, dont l'arrachage et le débit ont employé quatre-vingt-seize journées d'ouvriers, et 113 francs pour le prix des journées et pour la poudre dont il a fallu se servir pour le faire éclater; le produit, au prix courant, est évalué à plus de 400 francs.

Le bois des chênes venus dans les landes est le plus recherché et reconnu le meilleur pour les constructions navales.

Outre l'atelier de la Teste de Buch, il en a été formé successivement cinq autres; deux à Hourtaeins et au Verdon, dans le département de la Gironde, et trois dans celui des Landes, au cap Breton, à Contis et à Mimisan. Cette distribution de travail a paru nécessaire pour l'accélérer et pour procurer sur plusieurs points, dans les nouveaux semis, l'approvisionnement en branchages nécessaire au recouvrement du terrein sur le revers opposé des dunes, ce qui doit procurer une grande économie dans l'exécution des semis ultérieurs. La raison et l'expérience veulent qu'on ne procède à ceux-ci qu'après le boisement du revers des dunes opposé aux vents d'ouest qui sont les vents dominans. On m'a assuré que le succès a été par-tout le même; que par-tout on a obtenu pour résultat de préserver d'un envahissement, dont ils étoient prochainement menacés, soit des villages entiers, soit les terreins en culture qui les environnent, et d'avoir favorisé le dessèchement de plusieurs marais. Ce qui n'est pas la moindre preuve d'un succès certain, c'est que ce bienfait du Gouvernement est aujourd'hui généralement senti par tous les habitans du voisinage.

L'étendue du terrein ensemencé, à la fin de 1808, dans les six ateliers, étoit de trois mille sept cents hectares, et la dépense montoit à 314,948 francs, ou 85 francs par hectare; cette dépense ne peut paroître considérable quand on examine son but et ses résultats actuels et futurs; elle pourroit encore diminuer si l'on opéroit à-la-fois sur de plus grandes surfaces, au moins dans les points les plus imminemment menacés. Les motifs les plus puissans réclament l'emploi, chaque année, d'une somme de 3 à 400,000 francs. Il résulte du procès-verbal de visite fait en octobre dernier par M. *Castros*, l'un des commissaires, qu'un chemin qu'il avoit traversé il y a trois ans en pleine sécurité, ainsi que l'habitation d'un colon voisin, sont aujourd'hui sous des monceaux de sable. La seule population locale peut suffire à l'emploi d'une somme encore plus considérable; il n'entraîneroit aucune augmentation de frais dans l'administration générale; quant à ceux de régie, ils resteroient aussi les mêmes, à moins qu'on ne jugeât devoir former de nouveaux ateliers.

Nous ne craignons donc pas de dire que le succès des premières expériences est tel que le Gouvernement peut se décider aujourd'hui avec confiance à consommer, dans le moindre temps possible, une entreprise qui peut ajouter encore à la gloire d'un siècle qu'illustrent déjà tant de prodiges.

Conclusion.

Une nouvelle dynastie, qui est pour nous un don de la Providence divine au milieu de tant d'infortunes qui alloient nous anéantir, promet à la France plusieurs siècles de félicité; une population plus nombreuse sera l'un de ses premiers effets; faisons en sorte qu'elle soit heureuse, afin que ce nouveau moyen de puissance n'en devienne pas un de désordre et de destruction; efforçons-nous d'augmenter pour elle tous nos moyens de subsistance; montrons-lui comment elle pourra les multiplier elle-même par une bonne agriculture; desséchons donc tous nos marais qui rendent encore un grand nombre de nos cantons inhabitables; défrichons nos landes qui pourroient recevoir de nombreuses colonies; plantons tous les sommets nus de nos montagnes que l'on a trop inconsidérément déboisées; fixons par des semis et des plantations le sable mouvant de l'immensité de dunes que l'Océan a formées sur les côtes; remplaçons de trop foibles troupeaux de races dégénérées par de nombreux et beaux troupeaux; arrosons, fumons bien et amendons nos terres arables; qu'elles produisent alternativement et les denrées qui doivent nourrir les hommes et celles qui doivent nourrir les bestiaux: leur sein est inépuisable; arrachons-lui deux épis, deux brins d'herbe, lorsqu'il n'en offre qu'un: cela est toujours possible à l'homme industrieux; ouvrons toutes les communications de terre et d'eau nécessaires à un facile échange des productions de nos divers climats, des cantons du centre avec les cantons les plus éloignés de l'Empire; que les enfans de la grande famille, les puînés comme les aînés, également bien traités, trouvent tous autour d'eux les plus puissans motifs de chérir leur commune et heureuse patrie! C'est le vœu du Père commun; que chacun s'efforce de le seconder! Elevons le premier des arts à la hauteur du grand siècle!

VUES GÉNÉRALES

Sur la culture des landes que se partagent les trois départemens de la Gironde, des landes et de Lot-et-Garonne (1).

ENTRE l'Océan, la Gironde, la Garonne et l'Adour, est un grand territoire de près de deux cents myriamètres de superficie, antique monument de quelque grande révolution que la terre doit avoir éprouvée avant les siècles connus dans l'histoire.

Le long des dunes qui bordent l'Océan, ainsi que sur les bords des deux fleuves, on trouve à quatre ou six mille mètres de distance un terrein assez bien cultivé : mais dans l'intérieur on n'aperçoit de loin en loin que quelques clochers, quelques hameaux, quelques habitations éparses, quelques troupeaux errans, quelques bois sur les hauteurs; tout le reste, peut-être les cinq sixièmes

---

(1) Extrait des *Mémoires de la Société d'Agriculture du département de la Seine*, tome XII.

du terrein, ne forment qu'un vaste désert couvert de bruyères ou de marécages.

Si je ne me trompe pas, il n'y a pas une seule portion de ce territoire qui ne soit susceptible de quelque culture, et d'une culture plus profitable que celle de beaucoup de terreins qu'on apprécie aujourd'hui infiniment davantage.

On a cru long-temps, et c'est encore un préjugé trop généralement accrédité, que les portions de landes dont le sable de la superficie repose sur une couche de sable concret dur et ferrugineux, impénétrable à l'eau et aux racines des plantes, étoient condamnées à une éternelle stérilité; mais divers moyens imaginés dans ces derniers temps et essayés avec succès peuvent rendre cultivables ces sortes de terreins sans de grands frais.

Les uns font enlever par des carriers ce tuf ferrugineux dans le fond des fossés qu'ils font creuser régulièrement et à ciel ouvert, pour planter sur les bords des arbres dont les racines arrêtées près de la superficie s'étendent d'abord horizontalement et vont plonger ensuite dans le fond des fossés. Le premier à qui j'ai vu suivre ce procédé, après avoir observé la manière d'agir de la nature dans les arbres qu'elle place sur des roches, c'est M. *Tartas*, mon beau-père; il y a plus de trente ans qu'il effectua ainsi dans le canton de Mezin, troisième arrondissement du département de Lot-et-Garonne, de nombreuses plantations de chênes qui sont aujourd'hui d'une grande beauté.

D'autres, après quelques années de plantation, forment à un rayon indiqué par les racines des arbres une tranchée circulaire plus ou moins large, pour enlever le tuf qu'ils remplacent par de nouvelle terre fertile ; c'est ainsi qu'en agit M. *Vander Fosse*, près de Bruges, pour faire porter du fruit à des arbres inféconds.

Il est des cultivateurs qui se contentent de forer avec de grandes tarières ces couches inférieures du sol dans les fosses où ils plantent. Les racines des arbres trouvent dans les trous faits par la tarière un passage ouvert pour pénétrer plus avant. Ces trous sont aussi des égouttoirs pour l'eau qui pénètre de la superficie. Ce procédé appartient à M. *Cadet-de-Vaux*.

Ce n'est donc pas la fertilité qui manque au sol ; ce sont les bras qui manquent à la culture.

La population indigène foible et languissante, loin de s'accroître, rétrograderoit d'année en année, si les vides ne se remplissoient par de misérables paysans des départemens voisins, qui, pressés par le besoin, vont y chercher, en échange de leur travail, une subsistance qui ne tarde pas à leur être funeste. Des fièvres souvent mortelles y règnent presque tous les ans en automne, et font ainsi des Landes le tombeau d'une partie de la population des contrées limitrophes.

Tant qu'on n'en détruira pas la cause, il faut se garder d'appeler à son secours une population étrangère que repousse cette terre inhospitalière ; l'expérience a déjà prouvé que les individus les mieux constitués qui ont voulu s'y transplanter n'ont pu résister long-temps à l'influence du climat.

On met vulgairement la qualité des eaux qui servent à la boisson au nombre des causes de ces fièvres.

Dans cette supposition, voici quels seroient les remèdes : 1°. il faudroit, par-tout où l'on manque d'eau potable, construire des citernes ou bien multiplier les puits à la manière des Artésiens et des Belges ; cela se pourroit facilement, l'eau n'étant jamais à une grande profondeur ;

2°. On pourroit corriger la mauvaise qualité des eaux avec des fontaines filtrantes ou avec le charbon ;

3°. Il faudroit y faire généralement usage de boissons acidules.

Le seigle et le maïs qu'on y recueille en abondance fourniroient les moyens de faire de la bière.

Les colons voisins des pays de vignobles se trouvent bien de l'usage où ils sont d'acheter après les vendanges le marc de raisin ; il leur sert à filtrer l'eau qui se convertit en piquette. Rien ne seroit plus facile que de multiplier dans toutes les parties des Landes les vignes *arbustives*, pour en employer les raisins à faire, soit du petit vin, soit de la piquette : dans le besoin, on pourroit suppléer les raisins par toute autre espèce de fruit.

Mais si l'on peut compter l'eau à boire au nombre des causes de la dépopulation des Landes, ce n'est pas la seule ; car j'ai vu des curés d'une forte constitution, ayant pris pour régime de ne boire que de bon vin, qui n'en ont pas moins péri, victimes du climat, après peu d'années de transplantation.

Oui, sans doute, c'est l'eau qui dépeuple les Landes, mais c'est sur-tout l'eau stagnante sur la terre ; c'est elle qui fournit les vapeurs délétères que le soleil pompe en été et en automne dans les nombreux marécages qui couvrent la superficie du sol ; c'est elle qui rend les gelées plus sensibles et plus funestes ; c'est elle qui donne naissance à des brouillards qui répandent leur maligne influence jusque dans les départemens circonvoisins, et à leur grand préjudice. Elle est également ressentie par les récoltes, les hommes et les bestiaux.

C'est donc du dessèchement du terrein dont il importe d'abord de s'occuper.

Les Landes forment un plateau qui, dans son milieu, s'élève jusqu'à cinquante mètres. Ce sommet les partage en deux zones ou bandes à-peu-près égales, l'une au couchant, l'autre au levant, chacune ayant de douze mille à quatorze mille mètres réduits, non compris les dunes qui bordent la mer, dont la largeur moyenne est de cinq mille mètres. De cette hauteur les eaux se versent, partie dans l'Océan à l'ouest, et partie dans la Garonne ou dans l'Adour à l'est.

Cette pente doit paroître suffisante pour opérer le dessèchement de tout l'intérieur.

Le long des dunes règne une chaîne de larges et profonds étangs, qu'environnent de nombreux et vastes marécages, et qu'ont formés les eaux venant de l'intérieur, dont le sable mouvant des dunes a arrêté ou retardé le passage.

Les dunes sont des montagnes de sable que l'Océan vomit chaque jour de son sein; elles s'étendent de l'embouchure de l'Adour à celle de la Gironde. Elles avancent dans les terres d'année en année; dans leur marche qui paroît être de vingt-deux mètres par an, terme moyen, elles ont envahi une grande étendue de terrein cultivé, des bois, des villages entiers dont on aperçoit encore quelques foibles vestiges.

Moyens d'exécution.

Il est instant d'arrêter ou du moins de ralentir les progrès de l'Océan dans les terres, en fixant le sable des dunes; M. *Brémontier* en a donné les moyens dans des semis de pins maritimes; c'est sous sa direction que le Gouvernement a fait commencer depuis quelques années des travaux dont le succès garantit l'entière réussite; on ne sauroit mettre aujourd'hui trop d'activité dans l'achèvement, 1°. pour conserver un grand et précieux territoire menacé d'un prochain envahissement; 2°. parce qu'il en résultera une forêt de pins de plus de cent mille hectares, dont le revenu couvrira avantageusement la dépense, et encore celle que le Gouvernement pourroit faire pour mettre en valeur tout le reste des Landes.

La fixation des dunes est un préalable indispensable à tous autres travaux nécessaires au dessèchement de la zone occidentale.

Ces travaux consisteront, 1°. à débarrasser le terrein de toutes eaux superflues par des issues à travers les vallons des dunes, dont le roulement du sable après sa fixation ne pourra plus obstruer le cours;

2°. A baisser de quelques mètres la hauteur des eaux dans les étangs : on le pourra sans nuire à la navigation dont ils sont susceptibles ; cette seule opération mettroit à sec près de trente mille hectares d'un terrein précieux, facile à convertir en bonnes prairies fauchables et peut-être arrosables ;

3°. A convertir la chaîne des étangs en une route d'eau utile à l'exploitation de la nouvelle forêt des dunes et de celles déjà existant dans l'intérieur ou qu'on pourra y former. On l'exécuteroit facilement en suivant la direction actuelle des transports par terre, d'un côté, de l'étang de Saint-Julien à l'embouchure de l'Adour, de l'autre, de Mimisan au bassin d'Arcachon et du bassin à l'étang de Lacanau ; de cet étang on étendroit la navigation jusqu'à la Gironde, et du bassin jusqu'à la Garonne au-dessus de Bordeaux, en réunissant la rivière de Leyre au Ciron ou au Guémort qui y ont leur débouché près de Castres. De cette manière la partie des Landes qui a le plus de largeur jouiroit de communications faciles.

Il pourra paroître superflu de joindre ces deux parties principales de la navigation entre les étangs de Saint-Julien et de Mimisan, parce que cette navigation serviroit peu le commerce ; parce que là on rencontreroit quelques difficultés à vaincre, et que la continuité de la route n'offriroit pas des avantages suffisans pour compenser la dépense.

Au reste, on trouvera au dépôt des ponts et

chaussées des plans et des nivellemens faits par M. l'ingénieur *Clavaux*, sur la navigation à établir dans cette partie des Landes.

Quoi qu'on fasse, il s'écoulera près de vingt ans avant l'entière fixation des dunes, quand bien même, au lieu d'une somme de 75,000 francs qu'on emploie aujourd'hui à cette opération, on la porteroit à 400,000. La nature du travail et la nécessité de le proportionner à la quantité de bras dont on peut disposer sur les lieux paroissent s'opposer à plus de célérité. Il seroit pourtant possible avec de sages précautions d'appeler le secours de bras étrangers.

2°. Pendant la durée de l'ensemencement des dunes on devroit s'occuper à vivifier la zone orientale, qui offre et plus de facilité et plus de ressources. En peu d'années on y amèneroit le commerce et l'industrie; ces avantages résulteront du canal des Landes, dont, par un décret de 1808 rendu sur les lieux, S. M. I. a ordonné la construction. Ce canal fera communiquer l'Adour avec la Garonne, en réunissant la Gelise avec la Douze; cette ligne de navigation sur la lisière des Landes sera aussi l'une de leurs limites. En ouvrant au commerce un vaste pays aujourd'hui sans débouchés faciles, il favorisera l'agriculture, encouragera l'industrie, étendra les relations commerciales de la France avec l'Espagne ; en temps de guerre il offrira au commerce de Bordeaux à Bayonne la seule route intérieure qu'il puisse suivre. Cent mille hectares de landes ou de bois rabougris qu'on trouve sur ses bords lui devront une bonne culture.

On réussira, je crois, à dessécher tout l'intérieur, en prolongeant dans tous les sens les ruisseaux qui le traversent en le submergeant, par de simples rigoles qu'on feroit remonter jusqu'aux sources mêmes des marécages, pour en soutirer les eaux stagnantes.

C'est l'hiver, en y ajoutant les derniers jours de l'automne et les premiers du printemps, qu'il faut choisir pour ce genre de travail ; on ne fouilleroit pas impunément la terre dans les autres saisons.

Les parties des plaines qui seroient sans pente ou sans issue facile seroient formées en réservoirs ou étangs d'une profondeur qui ne leur permettroit pas d'être jamais à sec ; par-là ils contribueroient à assainir le terrein environnant, sans pouvoir nuire.

Ou bien on y formeroit des puisards par intervalle pour absorber l'eau par infiltration, dans le cas où la couche inférieure au tuf seroit un sable profond.

Ce seroit là aussi le cas d'imiter la pratique des Belges qui, en semblables circonstances, multiplient les fossés qui se remplissent d'une eau profonde qui ne tarit pas, tandis qu'entre les fossés le sol s'élève du produit de la fouille.

L'écoulement des eaux doit être ménagé avec art ; il importe de conserver autant que possible les fossés pleins d'eau par des arrêts ou petits batardeaux ; l'eau sera aussi salutaire aux plantes, si on la soutient un peu au-dessous du niveau du sol, qu'elle étoit nuisible à la superficie.

En réunissant les eaux stagnantes dans des lits communs, on devra autant que possible les rendre utiles à la navigation, au flottage, à l'irrigation, aux usines, sur-tout à des scieries qu'il sera nécessaire d'établir dans un pays boisé.

Il faudroit procéder à ces opérations sur un plan régulier ; et pour cela on devroit établir trois divisions d'ingénieurs, une dans chacun des départemens qui se partagent les Landes. La première opéreroit sur les bords de la Gironde et de la Garonne, la seconde sur les bords de l'Adour, la troisième dans le pays intermédiaire entre les départemens de la Gironde et des Landes ; on devroit préférer pour ce genre d'opérations les ingénieurs qui se seroient déjà formés à l'école des Belges, ou qui du moins auroient été à portée d'admirer les succès qu'ils ont obtenus dans ce genre d'industrie.

En levant la carte topographique des trois territoires désignés, suivant que le terrein se trouve divisé par les canaux de la nature et leurs diverses ramifications actuelles ou à faire, en remontant de leurs issues dans la Gironde, la Garonne, la Bayse, la Gelise, la Douze et l'Adour, jusqu'à leurs sources et à celles qu'il sera possible d'y amener, l'attention de ces ingénieurs devroit se porter d'une manière particulière sur la rivière de Leyre, qui, prenant sa source dans l'intérieur des Landes, va se jeter dans le bassin d'Arcachon; sur le Ciron et le Guémort, dont les sources voisines les unes des autres le sont aussi de celle de la rivière de Leyre; ces deux rivières débouchent au-dessus de Bordeaux près de Castres; on examineroit avec soin si ces trois rivières sont susceptibles de navigation, soit séparément, soit en les réunissant.

Les travaux de dessèchement et de culture que les communes ou les autres propriétaires riverains ne pourroient ou ne voudroient pas exécuter, en conformité des plans qui seroient dressés, devroient être entrepris aux frais du Gouvernement; son action doit commencer où finissent la force ou la volonté individuelle. Il est aisé de prévoir que, sans son intervention, la plus grande partie des Landes sera à perpétuité ce qu'elle est aujourd'hui. Sous le seul rapport de la propriété, nul n'a plus d'intérêt que le Gouvernement à y voir opérer un heureux changement : déjà dans le seul département de la Gironde il possède plus de trente mille hectares de bruyères ou de bois, non compris les dunes, et la circonstance dont je viens de parler ajouteroit un terrein immense à cette propriété, aux termes de la loi du 16 septembre 1807.

Il conviendroit, je crois, après le dessèchement, de diviser, pour l'aliéner par vente ou concession, une partie de ce domaine public, celle particulièrement qui seroit propre à une culture arable, afin de multiplier les propriétaires, et parce que c'est à l'intérêt privé qu'il faut toujours confier les soins de cette culture.

Chaque dessèchement partiel rendra salubre l'air des environs, j'en ai acquis l'expérience par moi-même ; alors la population indigène prendra une marche progressive ; alors aussi on pourra l'augmenter en appelant des cultivateurs étrangers, des légionnaires, des vétérans. Les Landes pourroient occuper et nourrir au moins trente mille nouvelles familles propriétaires, fermiers, métayers, journaliers, artisans, marins, pêcheurs, ou commerçans.

Peut-être, pour faire prendre à l'agriculture un grand essor, seroit-il bon d'attirer sur les terres les premières desséchées des cultivateurs belges choisis dans les départemens de la Lys, de l'Escaut et des Deux-Nèthes, qui entendent parfaitement la culture des sables, soit secs, soit humides; on pourroit les fixer par la propriété des fermes qu'ils monteroient et cultiveroient eux-mêmes sur les principes de l'agriculture flamande; ces fermes deviendroient des modèles pour des cultivateurs moins industrieux.

On construiroit dans les Landes les plus beaux corps de fermes et tous les accessoires, granges et étables en bois et torchis, suivant l'usage qui y est établi, avec moins de 3,000 francs.

Pour mettre à la portée des cultivateurs les bras qui pourroient leur être indispensables en beaucoup de circonstances, il faudroit annexer à chaque ferme une ou deux chaumières pour loger autant de familles de journaliers, que la propriété d'une chaumière et d'un terrein environnant de deux ou trois hectares indivisibles attireroit et fixeroit sur les lieux.

Chaque ferme devroit comprendre au moins cent hectares de terrein indivisible, dont les deux tiers seroient convertis en bois. Les bois devenus défensables offriroient bientôt plus de fougère pour la litière des troupeaux et plus d'herbe pour le pâturage que ne fait la bruyère. Loin de nuire à l'éducation des bestiaux, ils serviroient à les multiplier. Les bois sont la principale production qu'on doit chercher dans le défrichement des Landes : en plaçant les arbres à une distance convenable qui favorise la circulation de l'air, ils contribueront à sa salubrité, et fourniront d'utiles abris.

La nouvelle population devroit être fixée de préférence sur la grande route de Bayonne à Bordeaux, sur celles qui conduisent de Bordeaux à Lesparre, à la pointe de Grave, au bassin d'Arcachon, sur celles qui conduisent du Mont-de-Marsan aux points principaux de la côte, sur l'ancienne route de poste qui conduisoit de Bayonne à Bordeaux, enfin sur celles qu'il conviendroit de construire pour rendre faciles les communications entre les diverses parties de tout le territoire.

Les différens points d'intersection des routes et des ruisseaux dans le voisinage des usines actuelles ou à créer paroissent devoir déterminer les emplacemens des fermes, formant villages ou hameaux, sur les deux côtés des routes.

Ces routes seroient bordées de fossés larges et profonds et relevées avec la terre de la fouille ; on y planteroit deux, trois, et même quatre rangées d'arbres par-tout où elles ne traverseroient pas des bois; du pied de chaque arbre devroient s'élever autour de la tige et sur les branches deux ou trois ceps de vigne, dont les cantonniers chargés de l'entretien des routes prendroient soin à leur profit.

En établissant de grandes fermes, il sera formé dans chacune une pépinière, pour y élever des sujets de toutes les espèces d'arbres qu'on ne pourroit pas semer en plein champ et qu'il conviendroit de planter.

Les chênes, les surriers ou lièges, les châtaigniers, les pins, mélèzes, noyers et mûriers, les acacias, réussiront dans les terreins secs et élevés; le bois des chênes qui existent déjà dans les Landes est plus apprécié que tout autre pour les constructions navales; nulle part on ne trouve de plus beaux arbres.

L'aune, le bouleau, les saules, les peupliers, les frênes, les ormeaux, trouveroient leur place dans le voisinage des ruisseaux naturels ou artificiels, dans les lieux bas et humides.

Dans les terreins tourbeux et marécageux, dans les marais souvent inondés et difficiles à dessécher, on pourroit introdnire le *cupressus disticha.*

Dans l'une et l'autre zone, les terreins voisins des rivières et des ruisseaux pourroient se convertir en prairies ou en terres de labour. On est assuré de faire produire à celles-ci du froment, du seigle, du maïs, du panis, du mil, des pommes de terre, des raves, la plupart des plantes légumineuses, fourrageuses, tuberculeuses, textiles, oléagineuses, tinctoriales; on y a déjà essayé avec succès la culture du tabac, de la garance et de la soude. Le phytolaca y vient naturellement sur les chemins et dans les haies; le succès de sa culture est donc certain et ne peut être que profitable, comme engrais végétal et sur-tout pour convertir la plante en potasse, comme le conseille M. *Bosc* dans le nouveau *Dictionnaire pratique d'Agriculture*.

La population actuelle des Landes trouve dans ses récoltes de grains plus que sa consommation.

L'usage du marnage qu'elle a commencé à adopter est un moyen sûr de les augmenter encore. La marne et l'argile se trouvent fréquemment sous le sable et à une légère profondeur.

La culture s'y fait sans jachères avec le secours du fumier seul; pour la rendre bonne, il ne s'agit que de changer l'ordre vicieux dans lequel les plantes se succèdent dans leur rotation. Les céréales seules occupent aujourd'hui le terrein sans interruption.

La vigne se cultive dans quelques cantons et pourroit y recevoir de grands accroissemens; elle gagneroit sur-tout à être élevée sur les arbres.

Les abeilles multipliées dans toutes les parties des Landes sont pour quelques métairies une branche considérable de revenu ; mais, comme chez les sauvages, on y trouve généralement établie la barbare coutume d'abattre l'arbre par les racines pour en cueillir le fruit ; on ne recueille le miel et la cire qu'en étouffant les abeilles : celui qui parviendra à changer cet usage et à faire adopter la méthode de gouverner les abeilles dans les nouvelles ruches et d'après les principes de MM. *Lombard*, *Bosc* et *Feburier*, deviendra l'un des bienfaiteurs du pays.

Les troupeaux y sont nombreux, mais ils ne se composent que de races dégénérées ; ils ne connoissent guère d'autre pâturage que les bruyères où on les abandonne sans soins. Les bestiaux qu'on y soigne dans les étables, et auxquels on fait observer un meilleur régime, acquièrent de la beauté et de la valeur, soit bœufs, chevaux, chèvres et cochons. On compte que le pâturage seul fait subsister plus d'un million de bêtes à laine, qui ne valent pas un écu l'une portant l'autre. Quelques troupeaux de mérinos qu'on vient d'y former et qui y prospèrent avec les soins qu'on leur donne, font espérer un jour une branche considérable de revenu dans l'éducation seule de ces animaux.

Mais ce sont aujourd'hui et ce seront toujours les bois qui seront la principale production des Landes, sur-tout les bois de pins maritimes ou résiniers et de chênes.

La résine qu'ils produisent est déjà l'objet d'un commerce de plusieurs millions dans les villes de Bordeaux, Dax et Bayonne.

Un semis de pins donne déjà du revenu à la sixième année; dans le voisinage des pays de vignobles, les jeunes pins qu'on coupe pour éclaircir les autres servent à faire des échalas pour la vigne; ailleurs on les coupe seulement pour l'usage du four. De douze à quinze ans on fait de la latte-feuille; de quinze à vingt on saigne à mort successivement et d'année en année tous les arbres, autres que ceux qui doivent former le pignada. Par cette opération, on en extrait toute la sève qui devient la résine en passant dans les fourneaux. A vingt-cinq ans, le pignada bien établi devient un bois éternel où les arbres se succèdent et se remplacent d'eux-mêmes. Le revenu d'un pareil bois se reproduit chaque année; on compte cent arbres par arpent de dix-huit cents mètres carrés; le produit en matière de seize à vingt-un myriagrammes de résine; en argent de 25 à 30 francs que se partagent le propriétaire et le résinier.

Cent exemples prouvent déjà qu'avec du temps, de l'argent et de l'industrie, les Landes peuvent devenir un des territoires les plus précieux de l'Empire.

Il y aura deux grands obstacles à vaincre pour rendre la culture générale dans les Landes; ce sont le parcours des bestiaux et les incendies trop fréquens des bruyères; de ces deux abus le premier a produit le second. Ce sont les bergers qui mettent le feu aux bruyères trop élevées et desséchées, afin que leur cendre produise la crue d'un peu d'herbe, et qu'en se reproduisant de leurs racines, elles offrent des tiges plus tendres à la portée des troupeaux. Le feu s'étend quelquefois jusqu'aux bois et aux lieux cultivés qui n'en sont pas séparés par des clôtures. Il n'y a pas d'année qu'il n'en résulte de funestes accidens; pour les prévenir, l'Administration de la Gironde avoit été obligée de défendre de mettre le feu aux bruyères; un autre intérêt, celui de la conservation des troupeaux, l'a forcée de les permettre de nouveau, mais sous des conditions et avec des précautions qui préviendront les dangers, en annonçant d'avance dans les différentes paroisses ces incendies, qui deviendront périodiques et réguliers.

Cette mesure du moment est d'une grande sagesse; mais elle n'attaque pas le mal dans le principe qui fait des Landes un désert.

La cause première se trouve dans l'état d'indivision de trop vastes bruyères; que toute propriété indivise et trop étendue, tant communale que domaniale, soit soumise à de nouvelles et bonnes divisions, bientôt tous les abus disparoîtront. Les propriétaires anciens et nouveaux s'empresseront de préserver leurs habitations, les terres cultivées et les bois par de bons fossés ou par l'essartement, d'une large bande de bruyères tout autour de leurs possessions; les négligens pourroient y être excités, en imposant à un taux plus fort les terreins sans clôture. De mauvais pâturages seroient bientôt remplacés par des prairies naturelles et artificielles, par des plantes fourragères qui alterneroient dans la culture avec les céréales, et fourniroient les étables d'une nourriture plus abondante et plus saine.

On obtiendra ces résultats en confiant les travaux d'art à de bons ingénieurs qui joignent le zèle au talent, et l'administration économique à une commission d'hommes probes et éclairés formée dans chacun des départemens qui se partagent les Landes.

On demandera peut-être pourquoi ce vaste territoire abandonné par l'Océan depuis tant de siècles n'est pas encore entièrement peuplé et cultivé? Il y a des colons par-tout où ils ont pu s'établir, c'est-à-dire dans les lieux plus élevés, naturellement desséchés ou qu'on a pu dessécher facilement; le reste ne peut l'être que par un ensemble de travaux et un plan régulier qu'on n'a jamais tenté, et qui ne peut être que l'ouvrage d'un Gouvernement tout puissant : on ne doit tirer aucune induction défavorable de quelques entreprises partielles qui seroient restées sans succès. L'on en trouve la raison dans ce que je viens de dire, et j'ajouterai de plus que les chefs de ces entreprises, dénués de connoissances locales, étrangers à l'agriculture, ont été, comme ils devoient l'être, dupes d'agens secondaires qui ne voyoient dans leur mission qu'un moyen de faire fortune en dissipant celle des autres.

Au surplus je n'ai pas encore vu d'agriculteur sensé, et connoissant les localités, qui n'ait partagé mon opinion sur la possibilité de tirer bon parti des Landes, non-seulement de celles de l'ancienne Guienne, mais de celles du Béarn, du Périgord, du Berry, de la Sologne, que j'ai été à portée d'observer, en y multipliant les cultures, les troupeaux et les bois, après le dessèchement fait sur un plan bien combiné, et avec un esprit de suite, qui seul fait faire de grandes choses. De semblables travaux (1) ont eu un plein succès chez des nations moins éclairées que la nôtre ; pourroit-on craindre de ne pas réussir dans un siècle où tous les genres d'industrie reçoivent du plus puissant des Génies une impulsion qui n'a pas eu d'exemple dans les sicles passés, et qui fera l'admiration des siècles à venir !

---

(1) M. *Mallet-Mamon*, cultivateur très-distingué, a commencé depuis peu, dans le centre de la Sologne, une entreprise de ce genre. On doit désirer que ses succès puissent servir d'exemple dans ces pays qui en ont autant de besoin. (*Note de M.* Tessier.)

Il paroît aussi que M. le comte *de Mòtrouski*, seigneur polonois, qui a acquis la terre de Lamotte-Beuvron, va donner une grande impulsion aux progrès de la culture dans les landes de la Sologne, en cultivant les prairies artificielles et les racines pour la nourriture d'un nombreux troupeau de mérinos. La belle scierie à eau qu'il a fait construire sur la Beuvronne et sur le bord de la route en face du château, fera multiplier les plantations en favorisant le débit des bois. (*Note de l'Auteur.*)

FIN.